畜禽福利养殖技术指南丛书

肉鸡福利养殖技术指南

国家动物健康与食品安全创新联盟　组编
廖　明　孙忠超　主编

中国农业出版社
农村读物出版社
北　京

图书在版编目（CIP）数据

肉鸡福利养殖技术指南 / 国家动物健康与食品安全创新联盟组编 ；廖明，孙忠超主编. -- 北京 ：中国农业出版社，2024. 7. -- (畜禽福利养殖技术指南丛书).
ISBN 978-7-109-32163-2

Ⅰ. S831.4-62

中国国家版本馆CIP数据核字第2024VE2850号

中国农业出版社出版

地址：北京市朝阳区麦子店街18号楼

邮编：100125

责任编辑：刘　伟

版式设计：杨　婧　责任校对：吴丽婷　责任印制：王　宏

印刷：中农印务有限公司

版次：2024年7月第1版

印次：2024年7月北京第1次印刷

发行：新华书店北京发行所

开本：787mm × 1092mm　1/16

印张：4

字数：87千字

定价：70.00元

编 者 名 单

主　编： 廖　明　孙忠超

副主编： 肖　肖　吕　攀　谢志新　吕　浩　薛宝君

参　编： 胡世杰　王金梅　杨　超　王大军　潘　军　高旭阳　陈月华　沈华斌　朱孔阳　刘文革　杨文超　陈思龙　刘海余　罗文仁　刘　文　Paul Littlefair　邬小红　杨佳颖　郑雪莹

主　审： 黄向阳

编者的话

随着社会的不断发展进步，食品动物的健康与福利养殖技术越来越受到全世界畜牧兽医和肉食品行业从业者以及消费者的关注。世界动物卫生组织也将动物健康与福利纳入其《陆生动物卫生法典》的关键内容，制定了动物在养殖运输和屠宰过程中的动物福利指导原则和管理要求。中国规模化养殖与屠宰在最近数十年取得了长足的进步，伴随行业的快速发展，无论是产业界还是学术界及官方管理者都深刻认识到：只有在良好地保障食品动物健康和福利的基础上才能实现大规模安全食品的可持续生产和供给，减少养殖行业抗生素等药物的过度使用和耐药性的产生对人类健康的危害。忽视动物健康和福利，一味追求快速生长、高密度养殖，只关注经济效益的养殖模式越来越受到行业和消费者的质疑，取而代之的是全社会高度关注动物的健康和福利养殖技术，在追求经济效益的同时必须全面考虑动物的健康和福利养殖模式，实施福利养殖，最大限度降低养殖行业对抗生素使用的依赖，降低疾病发生的可能性，从源头上解决动物性食品的安全问题。

本书致力于利用最新的动物健康与福利科学知识，从动物的营养供给、生存环境、健康管理到影响动物的精神状态的全方位的照顾等方面给动物提供舒适的、健康的生长环境，安全的运输、装卸、待宰和屠宰方式，从而达到为社会生产安全优质的肉食品的目的。

动物福利作为生态文明建设的重要部分，其核心就是善待动物，体现了人类与大自然、人类与动物的和谐共生，是生态环境可持续发展的必然要求。同时，动物健康与福利是保障动物源食品安全的根本需要。人类健康与动物密切相关，促进食品动物的健康、保障其福利，就是增进人类健康。从当前国情、世情和人类健康的需求出发，关注动物健康与福利是提高畜禽产品质量、保证畜牧业健康可持续发展的必然选择。

国家动物健康与食品安全创新联盟一直专注于动物健康、动物福利与食品安全科学研究与应用，在世界动物卫生组织的动物健康与福利标准框架下，持续稳步推进食品动物健康与福利产业创新工作。未来随着市场竞争更加激烈，食品动物健康与福利技术和理念将贯彻到肉、蛋、奶生产的每一个环节中去，确保食品动物的健康与福利就是确保人类的健康和福利。

“畜禽福利养殖技术指南丛书”的编者们查阅和引用了大量国内外参考资料，系统梳理了畜禽福利养殖的实践经验，从农场实用角度出发，分别从饲料与饮水、设施与环境、饲养管理、畜禽健康、运输、屠宰等方面入手，对畜禽福利养殖标准化操作流程、评价改善进行了详细阐述，图文并茂，内容丰富，是一套指导畜禽福利养殖的理论和实践手册。适合畜牧兽医管理部门的政府工作人员、从事畜牧兽医科学研究的教师和学生、从事畜牧业生产的企业家和技术人员、从事畜禽疫病防控的执业兽医，以及关心动物福利的其他行业学者和广大消费者阅读。

该书的编者都是科研院所和农牧企业的中青年学者，他们凭借专业的学识和对动物福利的热爱，完成本书的编写，值得尊敬。希望本书的编著出版，为促进动物福利科学创新升级、引领福利养殖提质增效、助推畜牧业健康可持续发展提供助力。

目录

编者的话

1 引言 1

2 饲料与饮水 3

3 设施与环境 14

4 饲养管理 23

5 鸡群健康 35

6 运输 40

7 屠宰 45

附录1 肉鸡飞节损伤评分 54

附录2 肉鸡脚垫损伤评分 55

附录3 肉鸡污羽评分 56

1 引言

1.1 国家动物健康与食品安全创新联盟介绍

国家动物健康与食品安全创新联盟（以下简称“联盟”）隶属于农业农村部主管的国家农业科技创新联盟，是具有专业性、公益性和非营利性的组织，旨在为消费者提供安全、优质、健康的动物源食品。联盟的工作紧紧围绕动物健康与肉、蛋、奶、水产品质量安全等重大需求，聚焦畜牧、兽医和食品安全科技创新能力提升和资源共享，促进从养殖到餐桌全产业链健康有序发展。联盟成员由养殖、屠宰、饲料、兽药、设备、食品深加工、餐饮、零售、电商、检测认证、咨询企业，以及中央级、省部级科研单位组成。

1.2 指南编制背景、目的和意义

畜禽集约化养殖易产生动物福利问题，导致畜禽疾病的发生和流行，进而严重威胁人类的健康、畜牧业可持续发展和畜产品国际贸易。动物福利日益得到广大民众和政府部门的重视。世界动物卫生组织将动物福利标准纳入《陆生动物卫生法典》，强调保障动物福利是兽医的基本职责和任务。我国在动物福利领域相对于欧美国家还存在诸多不足，主要反映在动物福利科学研究滞后、动物福利评价标准缺失、动物福利法律不健全和动物福利认知度低等方面。完善动物福利科学技术体系，有助于保障动物源食品安全，促进肉鸡养殖行业的良性发展，推动动物福利理念在畜牧业中的普及和应用，提高兽医和从业者对动物福利问题的认识和关注度，有助于构建和谐畜牧业产业链，推动产业与社会的可持续发展。

1.3 指南适用范围

本指南适用于肉鸡养殖企业及鸡肉产品加工企业。肉鸡养殖相关生物制品、诊断制品、微生态制剂、饲料、化学药品、清洁消毒、设施设备等企业可作为参考。

1.4 指南制定原则

1.4.1 科学性原则

严格按照我国现行法规、管理规定和相关标准的要求，在对我国肉鸡福利养殖现状和问题充分进行调研的基础上，进行科学分析、研究和总结归纳，力求做到编制具有科学性。

1.4.2 实用性原则

充分考虑我国各省（自治区、直辖市）肉鸡养殖法规和管理规定的具体要求，深入基层一线开展调研，综合现有技术和管理实践经验，保证指南编写的指导性和实用性。

1.4.3 规范性原则

参考国际动物福利技术标准的规定和要求，充分考虑符合中国特色的动物福利科学体系，力求指南编制的内容完整、规范，保证指南编写质量。

1.5 指南主要内容

指南正文包括：引言、饲料与饮水、设施与环境、饲养管理、鸡群健康、运输、屠宰和附录等8部分内容。

1.6 编制和起草单位

国家动物健康与食品安全创新联盟
重庆国康动物福利科学研究院
正大畜牧投资（北京）有限公司
山西锦绣大象农牧股份有限公司
天津中升挑战生物科技有限公司
太阳谷食品（安徽）有限公司
英国皇家防止虐待动物协会

2 饲料与饮水

2.1 饲料

2.1.1 制订和审查饲喂（营养）计划

饲料的配方由有资质和经验的专业配方师进行设计，保证科学、精准。

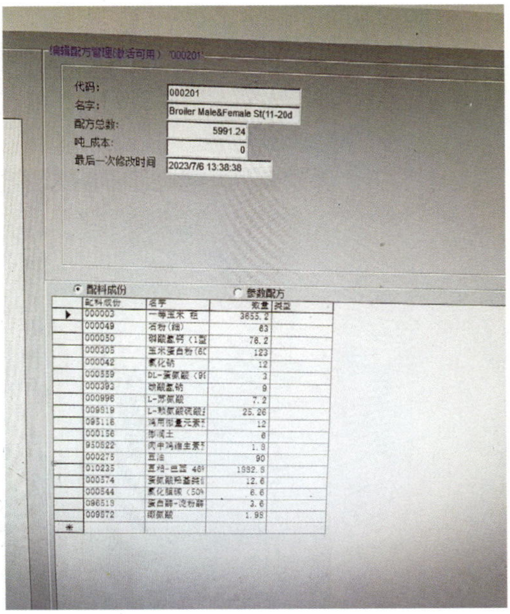

饲料配方

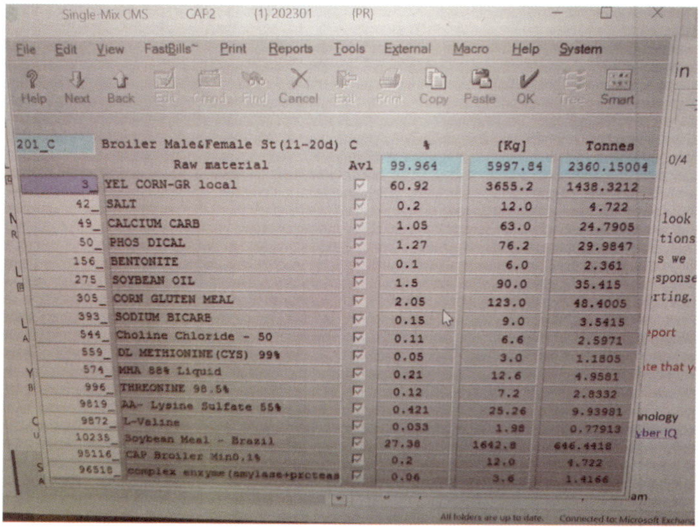
Single-Mix CMS CAF2 (1) 202301 (PR)
File Edit View FastBills Print Reports Tools External Macro Help System
Help Next Back Cancel Copy Paste OK Smart
201_C Broiler Male&Female St(11-20d) C % [Kg] Tonnes
Raw material Avl 99.964 5997.84 2360.15004
3 YEL CORN-GR local 60.92 3655.2 1438.3212
42 SALT 0.2 12.0 4.722
49 CALCIUM CARB 1.05 63.0 24.7905
50 PHOS DICAL 1.27 76.2 29.9847
156 BENTONITE 0.1 6.0 2.361
275 SOYBEAN OIL 1.5 90.0 35.415
305 CORN GLUTEN MEAL 2.05 123.0 48.4005
393 SODIUM BICARB 0.15 9.0 3.5415
544 Choline Chloride - 50 0.11 6.6 2.5971
559 DL METHIONINE(CYS) 99% 0.05 3.0 1.1805
574 MHA 88% Liquid 0.21 12.6 4.9581
996 THREONINE 98.5% 0.12 7.2 2.8332
9819 AA- Lysine Sulfate 55% 0.421 25.26 9.93981
9872 L-Valine 0.033 1.98 0.77913
10235 Soybean Meal - Brazil 27.38 1642.8 646.4418
95116 CAP Broiler Min0.1% 0.2 12.0 4.722
96518 complex enzyme(amylase+proteas 0.06 3.6 1.4166

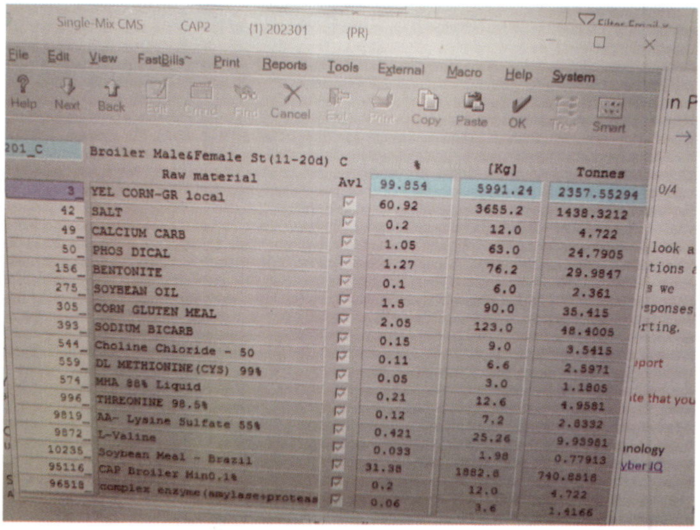
Single-Mix CMS CAP2 (1) 202301 (PR)
File Edit View FastBills Print Reports Tools External Macro Help System
Help Next Back Cancel Copy Paste OK Smart
201_C Broiler Male&Female St(11-20d) C % [Kg] Tonnes
Raw material Avl 99.854 5991.24 2357.55294
3 YEL CORN-GR local
42 SALT
49 CALCIUM CARB
50 PHOS DICAL
156 BENTONITE
275 SOYBEAN OIL
305 CORN GLUTEN MEAL
393 SODIUM BICARB
544 Choline Chloride - 50
559 DL METHIONINE(CYS) 99%
574 MHA 88% Liquid
996 THREONINE 98.5%
9819 AA- Lysine Sulfate 55%
9872 L-Valine
10235 Soybean Meal - Brazil
95116 CAP Broiler Min0.1%
96518 complex enzyme(amylase+proteas
60.92 3655.2 1438.3212
0.2 12.0 4.722
1.05 63.0 24.7905
1.27 76.2 29.9847
0.1 6.0 2.361
1.5 90.0 35.415
2.05 123.0 48.4005
0.15 9.0 3.5415
0.11 6.6 2.5971
0.05 3.0 1.1805
0.21 12.6 4.9581
0.12 7.2 2.8332
0.421 25.26 9.93981
0.033 1.98 0.77913
31.38 1882.8 740.8818
0.2 12.0 4.722
0.06 3.6 1.4166

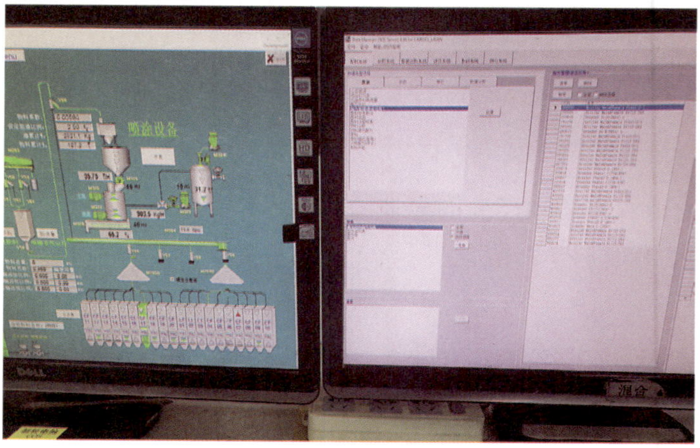

饲料配方

饲料生产应严格执行配方要求，保证饲料成品的感官指标（颜色、气味等）、物理指标（含粉率、颗粒硬度等）、营养指标（水分、蛋白质、脂肪含量等）符合国家或企业标准。

制订科学的饲喂计划，建议按早期(0～15日龄)、中期（16～28日龄）、后期（29日龄至出栏）三个阶段分别制订饲喂计划，以满足不同品种特性与日龄的肉鸡的生长需要。

早期宜采用优质的育雏日粮，以促进雏鸡早期生长和生理发育，在满足肉鸡健康和福利的同时，确保鸡群生长均匀度和达到理想的目标体重。

饲料变更要设置过渡期，以逐渐更换方式进行，避免突然换料或换料不当造成肉鸡明显应激或消化机能紊乱。由育雏日粮更换至中鸡日粮，或由中鸡日粮更换为大鸡日粮时，一般按“1/3-1/2-2/3”换料原则，至少采用3 d过渡期，即后料按第1天占1/3、第2天占1/2、第3天占2/3的比例逐步替换，3 d后若前料仍有剩余，则继续按第3天更换比例进行，直至前料用完为止。

不同形态的饲料

2.1.2 日粮要求

日粮中各种营养物质的种类、数量及其比例，应根据肉鸡品种、日龄或饲养阶段的营养需求和消化特点，进行科学配置，合理饲喂。

鸡场采购饲料时，要注意生产厂家资质，查看饲料出厂日期和保质期，保留饲料标签。采用自配饲料时，要保留饲料配方和配料单。确保饲料来源及其原料可追溯。

饲料加工应使用质量合格的原料，接收的原料符合《饲料用玉米》(GB/T 17890—2008)、《饲料原料 豆粕》(GB/T 19541—2017)、《大豆油》(GB/T 1535—2017）等国家标准的相关要求。

饲料成品营养均衡，卫生质量符合《饲料卫生标准》(GB 13078—2017）的要求，有毒有害物质、微生物等卫生指标不得超出限量。肉鸡养殖宜采用富含能量、蛋白质、维生素和矿物质的全价配合饲料，而且各种营养物质应种类齐全、数量充足、比例恰当、适口性佳，能满足肉鸡相应种类和生长阶段的营养需要。

定期或不定期对肉鸡日粮采样，送相关部门进行分析检测，以确保日粮成分、营养和卫生指标符合相关要求。

2.1.3 饲料管理

饲料运输车辆要保持车厢内干燥和清洁卫生。在运输过程中，饲料盛装厢体要保持密闭状态，实行封签管理，避免因交叉污染、阳光直射或被雨水淋湿，导致饲料营养损失、污染或霉变。

饲料储存区、盛装容器或料塔具备阴凉干燥、清洁卫生、防虫防暑防鸟、无药物污染或交叉污染等良好条件，妥善使用、放置和储存饲料，确保饲料安全、干燥、新鲜和营养，避免因使用保管不当、环境高温高湿、鼠、鸟或虫害入侵等因素，造成饲料损耗、营养损失、受潮结块、霉变或被污染等。

料塔

饲料储存区

用料遵循先进先出原则，确保新鲜饲料足量供应，避免使用被污染、受潮、霉变或超出保质期的陈化饲料，避免因人为因素导致鸡群被限饲或断料。

在肉鸡开始饲养前，建议使用干净的饲料对供料系统进行冲洗，以清除供料系统内可能剩余的饲料残渣。

每天至少有一次让鸡将食槽内的饲料吃尽，以保证食槽内饲料始终是新鲜的，避免料上加料、食槽残存陈料或饲料发霉变质。宜制订统一的清槽时间，以确保清槽质量。及时清除食槽内粪便，避免饲料受到污染。

肉鸡出栏后，及时将料箱、料管、料槽中的剩料清理出来并妥善处理，避免饲料浪费或剩料放置时间过长而发霉变质，导致对料箱、料管或料槽等饲喂系统、器具的污染。

制订疫情暴发、流通管制期间可能导致的饲料或原料短缺、运输或出栏受阻等特殊情形下的应急预案和处置措施，通过合理的减料限饲或寻找替代饲料等措施，尽可能降低鸡群的饥饿程度，保证动物福利。避免因短料缺料导致鸡群争食打斗，或因压栏导致过度拥挤或环境恶化，结果使肉鸡福利呈断崖式下降，甚至导致鸡群发病或死亡。

2.1.4 料位合适充足

料位应根据肉鸡日龄和所采用饲喂系统进行调整，宜采用料位和高度可调节的饲喂系统，方便随肉鸡日龄的增长，可相应调整料线（槽）高度和布料的速度，以满足不同日龄鸡群采食所需饲料量，避免料线（槽）过高或过低导致肉鸡采食困难，或垫料、粪便污染食槽。

采食位置

采食位置

雏鸡在开饮2 ~ 3 h，或者1/3数量的雏鸡出现啄食行为后，给予其开食。避免开食过早或开食过晚，导致雏鸡卵黄吸收不良、消化不良，或者卵黄消耗过度、体质虚弱，进而影响雏鸡生长发育和成活率。

育雏可按“少量、多次、不断料”原则饲喂，用小料盘或截短的运输鸡箱盛装破碎料或碎玉米粒，置于育雏伞附近或光线明亮区，以促进雏鸡进食。

随着肉鸡日龄的增长，定期调整食槽高度。通常按食槽的上沿与鸡背高平齐或高出2 cm设置食槽高度。提供充足的饲喂空间，以确保鸡群能同时自由进食。链槽式食槽5 cm/只（仅单侧可用）或2.5 cm/只（双侧均可用），盘式食槽（按其周长计）不宜少于1.8 cm/只。

料线（槽）

料线（槽）

盘式食槽

食槽安装分布均匀，在肉鸡每3 m活动范围内至少设有1个食槽。采用自动饲喂系统时，料线安装要保持高度一致，且运行平稳。根据食槽数量和分布，宜增加若干辅助料箱，以缩短下料时间，确保布料迅速、均匀，让鸡群能同时吃到同等数量的饲料，避免争食打斗和影响肉鸡生长均匀度。

安装链槽式和盘式饲喂系统时，料线间距不宜小于1 m，避免料线间距不足，导致肉鸡采食行动不便、有效采食空间减少，进而影响肉鸡福利和鸡群生长均匀度。

2.1.5 饲料中禁止使用的物质

肉鸡饲料中不得添加任何违禁和违规成分、原料药、人用药品及其他生长促进剂。

肉鸡饲料中使用的药物添加剂必须符合国家相关法律法规、标准及饲料行业规范要求及休药期规定。

饲料标签应符合《饲料标签》（GB 10648—2013）的规定，标示内容应真实、科学、准确。

2.1.6 饲料记录

养殖场使用的饲料应保存有效的饲料标签，标签应涵盖所有原料、添加剂等详细信息。

肉鸡养殖应建立饲料记录，包含饲料号、使用量等基本信息。

管理者应每天检查并记录鸡群的采食情况，发现异常及时寻求技术人员或兽医的专业处置。

肉鸡农场饲养日志

记录编号：

饲养场名称：________　　饲养批次：________

地　　址：________　　禽 舍 号：________

入舍日期：________　　入舍数量：________

出栏日期：________　　出栏数量：________

记 录 人：________　　农场场长：________

农场-批次：　　栋舍：

日期	日龄	最高温度（℃）	最低温度（℃）	最大湿度（%）	最小湿度（%）	死淘数量（只）		存栏数（只）	兽药通用名称	兽药批准文号	厂家	批号	使用量（g/mL）	使用方法	兑水量	加药器刻度	使用时间	休药期	停药日期	料号
						死亡	淘汰（颈部脱臼）													

2.2 饮水

2.2.1 水质要求

鸡群饮用水应洁净、无色、无味、无杂物，符合《生活饮用水卫生标准》(GB 5749—2022) 和《无公害食品 畜禽饮用水水质》(NY 5027—2008) 的要求。

禽场水源远离污染源，如工厂、垃圾场、生活区与储粪场等；水井设在地势高燥处，防止雨水、污水倒流引起水源污染；定期检测饮用水卫生状况。

入舍水管宜安装水质净化过滤装置，并进行定期清洗或更换。

对于新修建或新发现的水源，禽场要进行盐含量和微生物污染指标检测，水质应符合GB 5749—2022和NY 5027—2008的要求，适宜家禽饮用。水井、水库或水塘的水源易受水流或蒸发的变化而发生改变，应增加水质检测频率。

2.2.2 水温要求

鸡群饮用水宜控制在适宜的饮用水温。冬季适宜饮用水温为18℃（±2℃）。夏季宜提供清凉的饮水，理想的饮水温度为10～12℃。水温过高或过低，会导致家禽饮水量减少或拒绝饮水。

夏季炎热天气条件下，应防止饮水管路和水池因暴晒过热；冬季防止水管因冷冻爆裂导致饮水中断。

2.2.3 饮水要求

鸡群以可随时饮到清洁、足量的饮用水为宜，临诊兽医有医嘱的除外。

饮水器应安全、节水、易于清洗和消毒。

乳头式饮水器可根据肉鸡日龄和不同生产阶段需要，选择合理的型号，调节适宜水压。雏鸡宜选择开阀力低的乳头，一般10 g左右为宜；成年鸡宜选择开阀力稍大的乳头，通常40 g左右。开阀力过大，则肉鸡啄不出水；开阀力过低，则稍碰就漏水。水压过高或过低，会导致肉鸡喝不到水或出现漏水现象。

饮水器的安装，宜均匀分布于鸡群活动的范围内。

水线及乳头式饮水器

饮水器安装高度应与肉鸡品种、日龄和所采用的饮水器种类相匹配，通常比料槽略高2 ~ 3 cm。杯式饮水器安装高度，以杯体或杯舌高度与肉鸡背高齐平为宜。乳头式饮水器安装高度要考虑到“小鸡侧击、大鸡上顶”的饮水特点，雏鸡以乳头触栓底部与其眼睛齐平为宜，成年鸡以乳头触栓底部高于其头部1 ~ 3 cm为佳。避免乳头安装过高，肉鸡够不着、喝不到，安装过低又导致乳头频频被鸡群身体触碰而出现漏水。

饮水点或饮水空间的设置，以满足所有鸡群能同时饮水为宜，设置过少则会出现鸡群争夺水源或有的鸡喝不到水，设置过多则导致水资源浪费和对禽舍环境产生不利影响，进而影响肉鸡福利。

平养生产系统，鸡群每3 m活动范围内至少设有1个饮水点。笼养生产系统，笼内每只肉鸡至少能够接触到2个独立的饮水点。其中，带吊杯的乳头饮水器，其吊杯或防溅杯不能作为独立的饮水点计算。

饮水器最低提供数量：槽式饮水槽每只鸡2 cm；乳头式饮水器每8 ~ 12只肉鸡1个；塔式饮水器每1000只肉鸡10 ~ 12个。

每天检查并记录鸡群的饮水情况，发现异常及时寻求技术人员或兽医进行专业处置。

饮水设施应定期清洁、消毒、检查与维护，保证饮水洁净、卫生，同时避免饮水设施漏水等对鸡群健康、饲养环境产生影响。

2.2.4 应急供水

养殖场应配备能保证鸡群至少24 h的饮用水水量的储水设施或备用水源，以备主供水系统水管爆裂、维修或抽水设备故障之需，保证鸡群的正常饮水需求。

3 设施与环境

3.1 建筑设施

3.1.1 设施设计

肉鸡场（舍）选址、设计、建造或改建和维护，应考虑到当地环境气候条件和所饲养肉鸡的福利需求，保护肉鸡免受极端气候、噪声、污染源或天敌等不利影响，防止肉鸡出现冷热应激、恐慌、受伤、发病或死亡等不良福利事件。

新建或改造鸡舍，宜考虑到便于鸡群进栏（上鸡）或出栏以及病死鸡的清除，设施设计以尽量减少鸡群的搬运和处置为宜。

肉鸡场规划布局应严格执行生产区与管理区、生活区相隔离的原则，场区净道、污道分开，互不交叉。

肉鸡场入口、生产区门口和鸡舍入口处应设置消毒池和消毒室，保证车辆、设备和人员严格消毒。

鸡舍入口处或附近宜设立信息公示板，内容包括实际饲养面积、饲养总数、饮水器及食槽总数、舍内空气质量目标参数、光照强度与光照制度，以及发生火灾、水灾、设备故障及气温异常时的应急程序。

3.1.2 设施材质与安装、运行和维护

鸡舍内墙壁光滑、无突起，以耐清洗消毒的防水防腐材料建造或装修。

鸡舍内设施设备的安装、放置、运行和维护，以噪声降到最低的方式进行。舍内设备运行时最大噪声不超过70 dB。

3.1.3 电装置

电气主接线和高压电气设备应确保：

（1）防止鸡的闯入。

（2）绝缘。

（3）防止啮齿动物啃咬。

（4）正确接地。

（5）每年至少进行一次检测，由合格或称职人员进行，并记录监测结果。

（6）运转良好。

3.1.4 运动场

开放式鸡舍宜设有舍外运动场。

运动场地应按防渍防涝要求设计、建造和管理，尤其是考虑到雨季的防洪防涝能力。

运动场地大小宜根据鸡群数量、区域内树木、植被的情况确定。没有树木或树木尚未成林的场地，要搭建一定数量的遮阳凉棚，供鸡群休息、避暑或躲避天敌。

场地四周宜采用围栏隔离，并进行有效管理，对周围绿植进行修剪或矮化处理，以保持干净整洁，避免野鸟或鼠类侵入或栖息。围栏的高度和网眼的大小，以既能阻挡鸡的钻出或飞出，又能防止野兽侵入为宜。

采取有效措施，防止鸟、虫、鼠、猫、犬等其他动物闯入，避免鸡群恐慌或受伤等突发事件发生。

防鸟网

虫、鼠毒饵站

3.2 地面和垫料

3.2.1 地面设计

鸡舍地面的设计和建造，以便于进行有效防潮、排水、清洁和消毒，以及防止寄生虫及其他病原滋生繁殖的方式进行。有条件的，可采用混凝土等建筑材料对鸡舍地面进行固化处理。浇筑混凝土前，可先铺设防潮地膜，以防地面返潮。

3.2.2 垫料类型和状态

地面平养宜采用垫料对肉鸡接触的地面进行完全覆盖，初次铺垫厚度夏天不少于2 cm，冬天不少于5 cm。

选择垫料时，要考虑到卫生、干燥、易碎、松散且不易板结等因素，可因地制宜选择谷壳、木屑、花生壳、豆荚、麦秸、稻草或玉米秸等材料。

加强垫料日常管理，及时补充新鲜垫料，以保持垫料干燥、无板结，促进肉鸡觅寻、探究和刨食等活动。

垫料储存

垫料储存

鸡舍垫料

鸡舍垫料

3.3 光照

3.3.1 光照方案

光照与鸡的采食、饮水、活动、健康和生长繁育密切相关，光照方案宜根据鸡场地理位置、饲养季节、鸡舍条件和生产目标制订。当前肉鸡生产企业多采用连续光照法。

1～3日龄雏鸡宜采用23 h连续光照，以使雏鸡尽快熟悉和适应环境，确保雏鸡随时找到饲料和饮水，黑暗控制在1 h左右，以使雏鸡适应黑暗环境，防止因照明故障出现惊群而发生踩踏或窒息。

从4日龄起，每天连续光照时间进行适当调减，直至7日龄后连续光照时间每天保持在8 h或以上，连续黑暗时间不低于6 h，使肉鸡有充足的休息时间，避免肉鸡出现腹水症或猝死症等福利不良因素。

肉鸡全密闭式环境控制生产系统，4日龄以上肉鸡也可采用每天1～2 h光照，然后2～4 h黑暗的间歇光照制度，但需提供充足的料位和饮水点，以确保在限定的光照时段内，鸡群都能获得充足的饲料和饮水。

程序A

<table>
<tr><th>日龄</th><th>熄灯时间</th><th>开灯时间</th><th>黑暗时长（h）</th><th>灯泡功率（W）</th><th>光照强度（lx）</th></tr>
<tr><td>0日龄</td><td></td><td>24：00</td><td>0</td><td rowspan="2">23</td><td rowspan="2">最低20
理想值：30～40</td></tr>
<tr><td>1～7日龄</td><td>20：00</td><td>21：00</td><td>1</td></tr>
<tr><td>8日龄至宰前7 d</td><td>20：00</td><td>2：00</td><td>6</td><td rowspan="3">3</td><td rowspan="3">5～8</td></tr>
<tr><td>宰前最后7 d</td><td>20：00</td><td>22：00</td><td>2</td></tr>
<tr><td>出栏
当天</td><td>20：00</td><td>21：00</td><td>1</td></tr>
</table>

程序B

日龄	熄灯时间	开灯时间	黑暗时长（h）	灯泡功率（W）	光照强度（lx）
0日龄		24：00	0	23	最低20 理想值：30 ~ 40
1 ~ 7日龄	22：00	23：00	1		
8日龄至宰前7 d	22：00	4：00	6	3	5 ~ 8
宰前最后7 d	22：00	0：00	2		
出栏 当天	22：00	23：00	1		

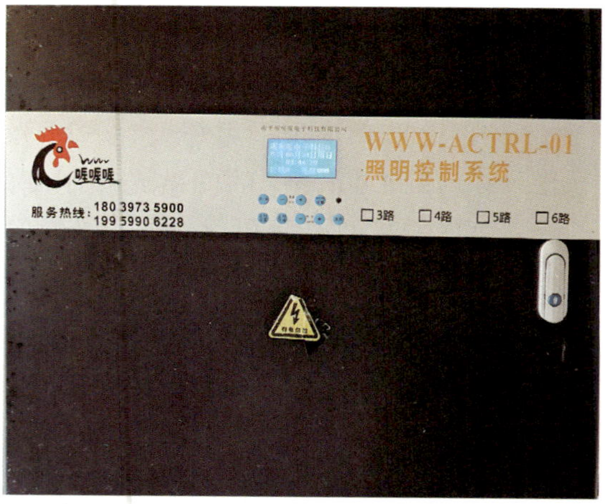

照明控制系统

3.3.2 光照强度

1 ~ 7日龄雏鸡，光照强度不低于20 lx。7日龄后光照强度逐渐调减，直至将光照强度控制在5 ~ 8 lx。光照度过强，则肉鸡应激或打斗增加；光照强度过低（5 lx以下），则减缓肉鸡活动性而增加眼部疾病（视网膜恶化、近视、失明）、腿部疾病（跛行）、接触性皮炎（足垫炎、跗关节灼伤）发生风险，进而影响肉鸡福利。

人工光照灯的设置、安装以光线均匀分布于鸡舍内各个角落为宜。确保灯泡高度的一致性，笼养系统需兼顾上下层亮度，做到光线分布均匀，无光照死角。

光照强度监测以肉鸡眼高水平线测量值为准。

3.3.3 光照类型

采用自然采光时，采光窗总面积不少于鸡舍地面总面积的3.0%。采光窗宜安装卷帘、黑色塑料园艺遮阳网或百叶窗等，以防强阳光直射并可控制舍外光线的射入量。窗帘或百叶窗的设计和安装，以使鸡舍内能完全变暗为宜。

采用自然光照补加人工光照时，人工光源的打开和关闭宜以渐进方式进行，确保鸡群适应时间不少于15 min。

3.4 空气、通风和温度

3.4.1 空气

保持舍内空气质量良好，舍内主要有害成分的最高日均值符合《畜禽场环境质量标准》（NY/T 388—1999）的规定。雏鸡舍和成鸡舍NH_3浓度分别不超过10 mg/m^{3}和15 mg/m^3，H_2S浓度分别不超过2 mg/m^{3}和10 mg/m^3，CO_2浓度均不超过1500 mg/m^3，PM_{10}均不超过4 mg/m^3，总悬浮颗粒物（TSP）均不超过8 mg/m^3。

3.4.2 通风

规模化肉鸡养殖场普遍采用密闭式的鸡舍设计。开放式鸡舍仅适用于热带地区的小规模散养模式。密闭鸡舍要根据季节和气候变化特点调整通风方式，以保证鸡舍内的温湿度环境和空气条件始终适合鸡群的日龄和健康生长的需求。

对于实行完全自动通风系统的鸡舍，养殖人员应该定时检查报警装置的有效性，防止控制器或设施失灵导致不可挽回的损失。

机械通风与混合通风

机械通风与混合通风

对于实行半自动或人工控制通风系统的鸡舍，控制人员必须经过专门的培训，有足够的养殖设备管理经验，充分知晓不同日龄鸡的通风控制要求，能够随着天气的变化及时进行通风模式的转换和操作通风设备的开启和关闭。

不同季节需要匹配适宜的通风模式并及时转换。夏季通常实行最大通风管理，尽可能地降低舍内温度，使鸡处于凉爽舒适的环境中。冬季通常实行最小通风管理，在保证鸡舍空气质量的同时对鸡舍进行保温，避免肉鸡遭受冷应激。

鸡舍应保持有效通风，相对湿度宜控制在50%～70%，避免高湿、冷凝水、贼风和穿堂风。

3.4.3 温度

鸡舍应根据养殖规模匹配适宜的冬季加温设施（保温伞、暖风机、中央供热系统）和夏季降温设施（湿帘、喷水和喷雾装置、排风扇、隔热房顶等）。

舍内温度、湿度测量以鸡头高度水平线为准。

监控每日鸡舍温度的变化，及时做出调整并记录每天最高和最低温度。

降温设施

降温设施

有条件的封闭饲养系统，可安装报警系统。当舍内温度超出目标范围上下3℃时，报警系统应能发出警报，以便及时采取妥善处置措施。

3.5 饲养空间

提供肉鸡充足的饲养空间，满足肉鸡站立、蹲伏、行走、转身、抓刨、展翅等行为表达的基本需求。

白羽肉鸡最大饲养密度

饲养方式	最大饲养密度（只/m^2）	
	0～3周	4～6周
地面垫料平养	28	13
网上平养	30	14
大笼饲养	32	16

黄羽肉鸡最大饲养密度（只/m^2）

		0～10周	10～30周	30～56周	56～75周	＞75周
地面垫料平养	快速型		15～18	9～15	9～11	
	中速型	20～30		15～18	11～13	9～11
	慢速型		18～23	18～23	13～18	9～15
棚架饲养	快速型		18～23	13～15	10～13	
	中速型	30～35		15～20	12～17	10～13
	慢速型		22～27	20～25	13～18	10～15
大笼饲养	快速型		25～30	12～16	12～14	
	中速型	40～50		18～23	13～15	12～14
	慢速型		30～40	20～25	13～15	12～17

3.6 舍外环境（仅适合黄羽肉鸡）

3.6.1 放养场地

放养场地棚舍的设计和布局应考虑场地地形，尽量有益于鸡群有效利用整个场地。

自然遮挡棚或人工庇护棚：①牢固安全，不会导致鸡群受伤等福利风险；②高度足够，鸡群能正常站立，头部空间宽敞；③保护充分，可预防恶劣天气和天空掠食者；④可供鸡群随时出入；⑤布局合理，可吸引鸡群充分利用整个场地。

每1000只鸡至少提供自然遮挡区域或人工庇护区域8 m^2。自然遮挡区域应占整个放养场地面积的5%。可设计树木、灌木丛和矮化树篱等自然遮挡物。

提供环境富集材料，如秸秆（稻草）包、栖木、啄食物、刨食板及无毒植物，促进鸡群活动，改善腿部健康，提高鸡群健康和福利。采用富集材料时，要考虑到相关疾病风险；重复使用的富集物应彻底清洁、消毒。采购秸秆包时，应确保其质量合格、来源可靠、储存无生物安全风险。

棚舍及其周围宜按防渍防涝要求设计和管理，尤其应符合雨季防涝工作要求。加强棚舍周边鸡群活动频繁区域的管理，以免场地过度裸露和泥泞。棚舍外2 m区域可铺设沙砾（直径不小于13 mm）、树皮、板条/网栅或混土材料，外围可种植喜肥、生长快、耐啄食的植被植物。

每2000只鸡至少提供一个沙浴池和探究区域，每个放养场地至少要有2个富集区。自然富集区可种植适宜的饲料作物、草药植物和观果灌木。

放养场地存在寄生虫滋生和疾病风险时，可采取轮牧或疾病控制措施。

3.6.2 舍内外出入洞口

洞口数量按700只鸡设置1个，最少不少于2个，或每100 m^2鸡舍洞口总长度不小于4 m。

洞口高不小于45 cm，宽不小于50 cm。

洞口沿鸡舍一侧或两侧的纵墙墙根均匀设置。若洞口一端存在落差，宜铺设坡道连接，不宜设置台阶，以免妨碍鸡群自由出入。

夜间关闭洞口，以防害兽侵袭。

4 饲养管理

4.1 管理人员的职责

4.1.1 制订培训计划

农场管理人员应制订动物福利相关的培训计划，并定期修改更新。确保技术员和饲养员能够掌握动物健康和福利的基本知识，具备履行其工作职责所需的相关技能。

培训计划应至少包括以下内容：

(1) 具体的操作技能。

(2) 能够识别常见疾病的症状表现，并知晓遇到何种情况应向兽医求诊。

(3) 知道什么是对动物福利不利的情况，知道应该采取哪些措施来纠正。

(4) 了解鸡对环境的需求，给鸡提供舒适的环境。

(5) 了解和掌握对鸡的正确操作，捕获措施得当，动作轻柔并富有同情心。

4.1.2 制订应急预案

管理人员应提前制订紧急预案，以最大限度地降低因自然灾害、疫病暴发和设备故障、供应中断(如饲料、水、电)等对动物健康和福利产生的不良影响。

应急预案至少包括以下内容：

（1）农场火灾等突发事件的应对方案。

（2）农场发生大风、暴雨、暴雪等造成沙尘、水灾、雪灾等自然灾害的应对方案。

（3）报警装置失灵时的应急处置方案。

（4）停电、断气等造成供电、供暖系统问题的应急预案。

（5）农场出现断水、断料情况时的处理方案和解决措施。

（6）风机、进风小窗等通风设备发生故障时的应对方案。

（7）农场出现流行性疫病时的应急处理方案。

4.1.3 制订免疫、用药和处理方案

制订符合国家法律法规要求的免疫、用药和处理方案，并定期修改更新，必要时开展相应的培训。

方案包括但不局限于以下内容：

（1）制订常见疾病的防控措施。

（2）对人流、物流、车流的管控方案。

（3）免疫程序和相应的疫苗接种操作方案。

疫苗接种

(4) 制订合理的用药程序，注意药物领用流程及药物残留控制方案。同时，应保存用药记录。 (5) 利用现代化物联网等手段进行的远程或现场鸡群健康监测方案。	(6) 死亡与淘汰鸡的记录。 (7) 死淘鸡和废弃物的无害化处理。 (8) 按照农场生产期和空栏期，制订鸡舍冲洗和消毒方案，保障鸡舍的环境微生物检测符合要求。

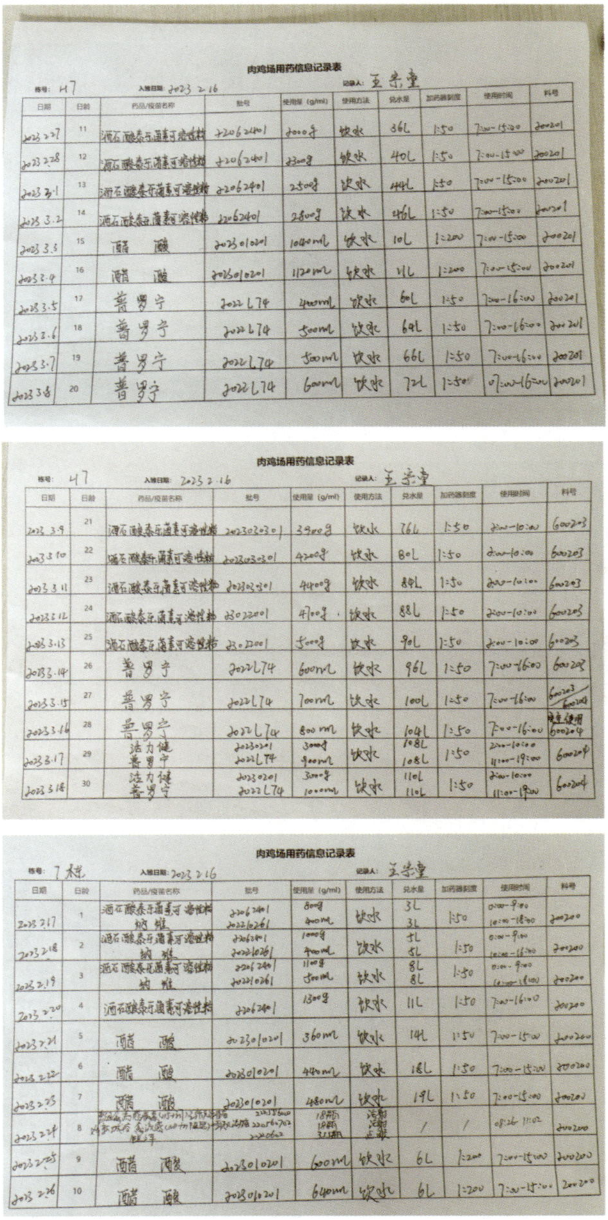

肉鸡场用药信息记录表

栋号：H7　入雏日期：2023.2.16　记录人：王宗童

日期	日龄	药品/疫苗名称	批号	使用量（g/ml）	使用方法	兑水量	加药器刻度	使用时间	料号
2023.2.27	11	酒石酸泰乐菌素可溶性粉	22062401	2000g	饮水	36L	1:50	7:00-15:00	200201
2023.2.28	12	酒石酸泰乐菌素可溶性粉	22062401	2300g	饮水	40L	1:50	7:00-15:00	200201
2023.3.1	13	酒石酸泰乐菌素可溶性粉	22062401	2500g	饮水	44L	1:50	7:00-15:00	200201
2023.3.2	14	酒石酸泰乐菌素可溶性粉	22062401	2800g	饮水	46L	1:50	7:00-15:00	200201
2023.3.3	15	醋酸	2023010201	1040ml	饮水	10L	1:200	7:00-15:00	200201
2023.3.4	16	醋酸	2023010201	1120ml	饮水	11L	1:200	7:00-15:00	200201
2023.3.5	17	普罗宁	2022L74	400ml	饮水	60L	1:50	7:00-16:00	200201
2023.3.6	18	普罗宁	2022L74	500ml	饮水	64L	1:50	7:00-16:00	200201
2023.3.7	19	普罗宁	2022L74	500ml	饮水	66L	1:50	7:00-16:00	200201
2023.3.8	20	普罗宁	2022L74	600ml	饮水	72L	1:50	7:00-16:00	200201

肉鸡场用药信息记录表

栋号：H7　入雏日期：2023.2.16　记录人：王宗童

日期	日龄	药品/疫苗名称	批号	使用量（g/ml）	使用方法	兑水量	加药器刻度	使用时间	料号
2023.3.9	21	酒石酸泰乐菌素可溶性粉	2023030301	3900g	饮水	76L	1:50	2:00-10:00	600203
2023.3.10	22	酒石酸泰乐菌素可溶性粉	2023030301	4200g	饮水	80L	1:50	2:00-10:00	600203
2023.3.11	23	酒石酸泰乐菌素可溶性粉	20230301	4400g	饮水	84L	1:50	2:00-10:00	600203
2023.3.12	24	酒石酸泰乐菌素可溶性粉	23022001	4700g	饮水	88L	1:50	2:00-10:00	600203
2023.3.13	25	酒石酸泰乐菌素可溶性粉	23022001	5000g	饮水	90L	1:50	2:00-10:00	600203
2023.3.14	26	普罗宁	2022L74	600ml	饮水	96L	1:50	7:00-16:00	600203
2023.3.15	27	普罗宁	2022L74	700ml	饮水	100L	1:50	7:00-16:00	600203 / 600204
2023.3.16	28	普罗宁	2022L74	800ml	饮水	104L	1:50	7:00-16:00	完全使用 600204
2023.3.17	29	活力健 普罗宁	20230201 2022L74	3000g 900ml	饮水	108L 108L	1:50	2:00-10:00 11:00-19:00	600204
2023.3.18	30	活力健 普罗宁	20230201 2022L74	3000g 1000ml	饮水	110L 110L	1:50	2:00-10:00 11:00-19:00	600204

肉鸡场用药信息记录表

栋号：7栋　入雏日期：2023.2.16　记录人：王宗童

日期	日龄	药品/疫苗名称	批号	使用量（g/ml）	使用方法	兑水量	加药器刻度	使用时间	料号
2023.2.17	1	酒石酸泰乐菌素可溶性粉 纳维	22062401 20221026I	800g 400ml	饮水	3L 3L	1:50	0:00-9:00 10:00-18:00	200200
2023.2.18	2	酒石酸泰乐菌素可溶性粉 纳维	22062401 20221026I	1000g 400ml	饮水	5L 5L	1:50	0:00-9:00 10:00-16:00	200200
2023.2.19	3	酒石酸泰乐菌素可溶性粉 纳维	22062401 20221026I	1100g 500ml	饮水	8L 8L	1:50	0:00-9:00 10:00-18:00	200200
2023.2.20	4	酒石酸泰乐菌素可溶性粉	22062401	1300g	饮水	11L	1:50	7:00-16:00	200200
2023.2.21	5	醋酸	2023010201	360ml	饮水	14L	1:50	7:00-15:00	200200
2023.2.22	6	醋酸	2023010201	440ml	饮水	18L	1:50	7:00-15:00	200200
2023.2.23	7	醋酸	2023010201	480ml	饮水	19L	1:50	7:00-15:00	200200
2023.2.24	8	[illegible]	[illegible] 220560702 2220602	18瓶 18瓶 31瓶	[illegible]	/	/	08:26 11:02	200200
2023.2.25	9	醋酸	2023010201	600ml	饮水	6L	1:200	7:00-15:00	200200
2023.2.26	10	醋酸	2023010201	640ml	饮水	6L	1:200	7:00-15:00	200200

用药记录

无害化处理设备-炼油罐

无害化处理设备-加热装置

无害化处理设备-高温化制炉

无害化处理设备-高温处理装置

废弃物管理

4.1.4 有效监督方案

管理人员应制订有效的监督方案，每日对饲养环节中与动物福利相关的内容进行检查、监督和跟踪并提出改善措施，做好相关监督数据的记录。记录必须注明日期，内容主要包括：

(1) 死亡情况（注明原因）。

(2) 淘汰情况（注明原因），与死亡情况分开记录。

死鸡房

死淘鸡存放

（3）每日饲料消耗量。

（4）每日饮水量。

（5）每日鸡舍内的温度和湿度变化曲线，包括目标、实际温湿度数据。

（6）每日鸡舍的通风数据，包括通风量和鸡背风速。

（7）鸡舍内CO_2浓度和氨气、氧气的含量等。

4.2 饲养员

4.2.1 能力评定

饲养员通过培训后，具备动物福利相关操作能力和知识储备，能够胜任其所承担的工作。管理人员负责对饲养员的能力进行定期评定。

考核：根据饲养员职责和动物福利相关规定，对饲养员进行考核。通过笔试或实际操作来进行评定，以证明饲养员具备履行其职责所需的相关技能，且能够掌握动物福利相关的正确操作，知道动物福利不良的情况下该采取哪些相应的纠正措施。

评价和处理：当发现饲养员能力不足时，管理人员应提供相关培训，以确保饲养员具备所需的技能。反复培训仍然不合格的，进行淘汰。

操作培训

4.2.2 规范操作记录

饲养员应按照标准规定执行和落实各项日常工作，并规范操作记录：

（1）每天定时清洁打扫鸡舍，包括操作间、舍内地面、鸡笼、饮水设施、喂料设施等。

（2）及时清除鸡舍内地面、墙面、房顶、水线、料线等设施设备上或设施设备中可能会被鸡误食的铁丝、塑料布、电线等杂物。

（3）每天对鸡舍内设备，如水线、料线、供暖设备、通风设备、清粪设备等进行检查，发现故障要立即上报或排除。

（4）每天检查鸡群，对于健康状况不良的蔫鸡、受伤的鸡要及时查明原因，并采取隔离、淘汰、安乐死等处置措施。

（5）以上日常工作（包含但不限于）都应规范记录并保存记录。

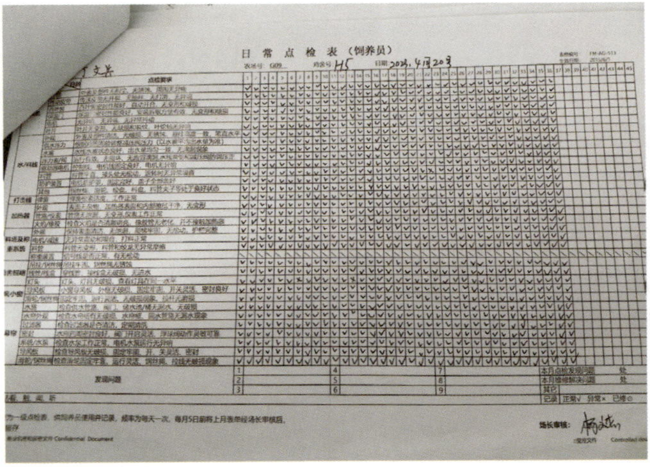

饲养员点检表

日常巡视

日常巡视

4.2.3 温和操作

饲养员对鸡群的日常饲养管理应温和、有爱心，在养殖区域内的所有操作要轻、缓，避免暴力操作，最大限度地减少鸡群惊吓、受伤、死亡等。

（1）进鸡、日常清粪、巡查鸡舍、出栏等各项常规性操作都应按标准程序和规范进行，避免导致鸡群因应激而惊吓、受伤、死亡等。

（2）饲养员对鸡要有爱心，操作过程中要考虑到鸡的感受和福利。

（3）使用蓝光抓鸡等措施，给鸡提供舒适的环境，降低鸡的应激。

4.3 设备

4.3.1 维护和维修

建立全面的设备维护和维修管理方案，由设备技术人员负责场内各类设备的日常维护和维修工作，必要时邀请第三方进行设备定期维护和保养，并做好相应的设备台账和维修、保养记录。

（1）设备人员按照每类设备的维护、保养标准进行操作和记录。每天至少检查一次的设备有饲喂设备、饮水设备、供暖设备、通风设备等。每周试车的设备有发电机等。每年维修、保养的设备设施有房舍、水井等。确保所有设备都处于良好的工作状态。

（2）当发现设备故障时，应立即进行维修或更换备用设备，采取相应措施保护鸡群，以免因设备故障对鸡群造成不必要的应激或伤害。

设备检查与维护

设备检查与维护

4.3.2 使用操作培训

对养殖场内的所有设备，如加热系统、照明系统、通风系统、供料系统、供水系统、清粪系统等各类设备，都应建立详细的操作规程，并对设备技术人员和饲养员进行操作培训。通过培训，这些人员应做到：

(1) 能熟练操作各类设备。

(2) 具备设备日常维护和保养的能力。

(3) 了解常见的设备故障情况，能及时发现故障。

(4) 设备发生故障时，掌握并能实施相应的应对方案。

(5) 了解设备故障的危害及设备故障带来的相关影响。

4.3.3 警报系统

养殖场内对鸡群福利至关重要的设备系统，如电装置系统、供水系统、供料系统、通风系统、温控系统等，都要有警报系统，而且是设备系统出现故障时，声、光同时报警，要有独立的UPS电源不间断警报设施。

要设置合理的报警范围，警报必须是不可关闭的。

每天检查警报系统的有效性，定时测试，以确保其处于正常的工作状态。

对可能出现的报警情况进行预防和处理，根据报警情况，采取相应的处理措施。

4.4 害虫和天敌

4.4.1 监测

养殖场必须有啮齿类动物的监测措施，制订相应的防鼠地图，了解鼠类的活动轨迹和数量，并定期对啮齿类动物采取适当的控制措施。

养殖场应有针对蚊、蝇的监测措施。

养殖场应有针对猫、犬的监测措施。

4.4.2 预防

养殖场应有针对害虫和天敌的预防措施，以保护鸡群不受害虫和天敌的侵害。同时，应定期开展培训，提高生物安全意识。

培训

在鸡舍的屋顶通风管道上方、侧墙通风窗、水帘开口处等设置隔离网、驱鸟器或类似设施，以防止野鸟进入鸡舍。

驱鸟器

有条件的，可在鸡舍周边5 m铺石子，在鸡舍的入口处安装50 cm高的挡鼠板，防止鼠类接近或进入鸡舍。

鸡舍的排水口、清粪洞口在不用时应及时封堵，避免鼠类进入鸡舍。

设置预防猫、犬等其他动物进入鸡舍的设施，避免鸡群恐慌或受伤等事件发生。

在保证生产安全的同时，可在环境中喷洒灭蚊、蝇的植物提取物，或设置捕蝇笼等。

捕蝇笼与毒饵站

4.5 清洗和消毒

鸡舍至少每天应清洁一次，包括地面、设备设施等。

按要求做好进入养殖场的人员、物品、运输车辆的消毒工作。

清洗、消毒鸡舍时注意对设备的防护。

清洗和消毒

清洗和消毒

清洗、消毒结束后，应达到经目视检查无可见污染，而且环境微生物取样检测合格。同时，经实验室微生物检测确认合格后，方可进行下一批次的生产。

5 鸡群健康

5.1 医疗保健

5.1.1 选育健康的鸡

育种时，注意选择具有抗病力强等高福利性状的种鸡，淘汰带有不良特征的遗传品系。

5.1.2 动物健康计划

动物健康计划(AHP)应在兽医的指导下制订并定期修改更新，内容包括：

（1）疫苗接种计划及程序等情况。

（2）鸡群疾病、治疗及其他相关信息。

（3）发病率和死亡率记录，以及可能的发病或死亡原因。

（4）生产性能指标要求及其记录。

（5）生物安全规定。

（6）清洁及消毒计划。

兽医检查鸡群健康状态

消毒

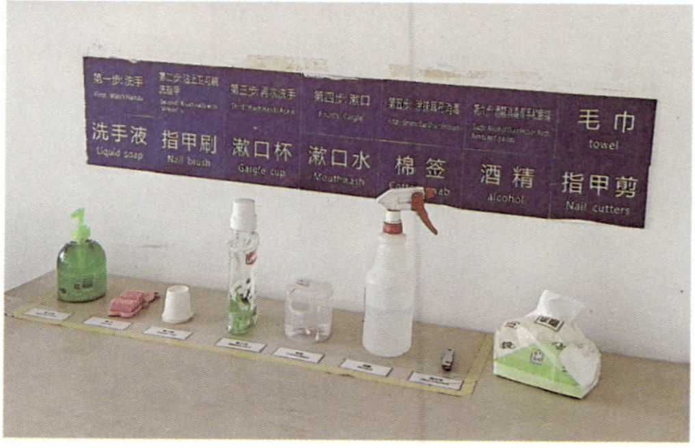

清洁与消毒

5.1.3 饲料质量安全保证程序

应采用并遵循公认的饲料质量安全保证程序，以控制沙门氏菌、弯曲杆菌和其他易引起饲料安全问题的微生物。

5.1.4 鸡群生产性能数据监测

持续监测鸡群的生产性能数据，以监测疾病或生产紊乱的发生。

一旦发现鸡群生产性能指标低于预期，应通知兽医，并更新动物健康计划，以增加解决问题的措施。

5.1.5 隔离和处置

设有隔离治疗设施，将需要治疗的患病鸡与其他鸡隔离开，并进行剖检及相应的处置。对有开放性伤口或骨折的鸡，也应进行隔离，并及时处理伤口；必要时，进行淘汰处置。

解剖室

解剖台

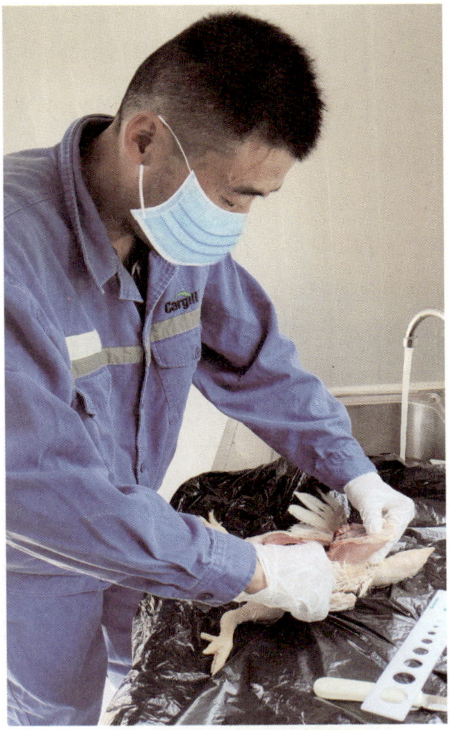

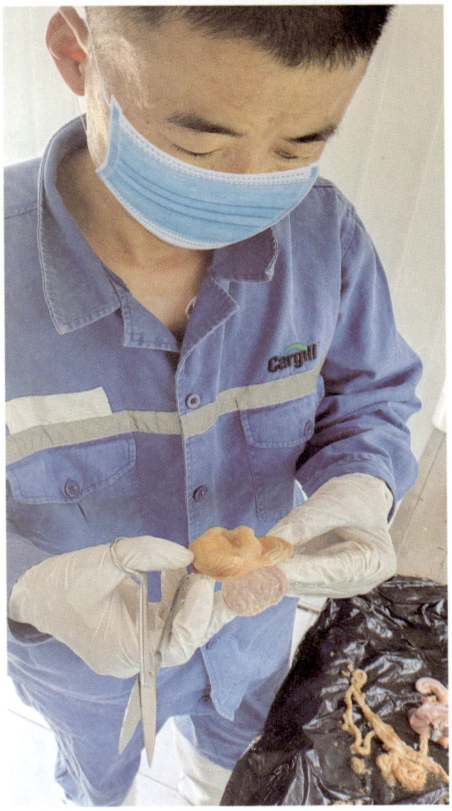

剖检

5.1.6 腿部问题和跛行的处理

实施管理计划，预防鸡慢性关节病或腿部畸形。

无论是传染疾病还是生长异常引起鸡腿无力和畸形，都是严重的福利问题。

对明显跛行的鸡，必须及时治疗，必要时淘汰处理。

关于鸡因腿部异常和/或畸形而被淘汰的记录，应每周进行审查。

发现问题可寻求兽医指导，以缓解问题，并防止进一步死亡。

对有腿部问题或其他异常身体状况而无法进食和饮水的鸡，立即从鸡群中移出，必要时淘汰处置。

通过观察鸡的行走能力并采用步态评分系统对鸡进行跛行评估。

步态评分	异常程度	步态评分系统
0	无异常	步态平滑流畅，抬起时鸡爪收拢
1	异常不明显	步态不稳或走路摇晃。但病腿不明显，或20 s内难以观察辨别。鸡能轻松逃离观察栏。抬起时鸡爪可能不会收拢，但通常步态平稳，看似无异常
2	明显异常，但不影响行走	可在20 s内识别出步态异常的腿，通常步幅短、步态不稳。抬起时鸡爪不能收拢。观察鸡活动20 s，如发现有问题的腿，则该鸡的步态评分判为1 分。但因对鸡的行走影响较小，当观察者靠近或用拐棍轻触或轻推时，鸡能自然逃离。当观察者停止靠近或轻推时，鸡没有快速逃离，只是跑开或走开或待在原地不少于15 s。与步态评分0 ～ 1分的鸡一样，能经常观察到用爪梳冠行为，也表明该异常对其生物功能影响不大
3	明显异常，且影响行走	当被靠近、触碰时，鸡会挪开，但无法逃跑。在停止靠近或触碰后，不超过15 s鸡又蹲伏不动。若鸡超过15 s后蹲伏，则步态评分判为2分
4	行走能力严重受损	靠近或触碰时，鸡蹲伏不动。评估方法：靠近鸡，如果蹲伏不动，则轻轻地推或触碰鸡5 s后观察鸡双脚站立情况，站起所需时间超过5 s或完全不能站起的，评分判为4分，5 s以内站起的，评分为3分（如果步态良好）或更低
5	完全跛行	鸡不能行走，仅靠跗关节爬行。当有人靠近时，试图站立，但无法站立。单腿或双腿无法以站立姿态行走

对步态得分超过1分的鸡，应实施纠正措施并查找可能的原因，以减少此类问题的再次发生。

对步态得分4分或以上的鸡，进行淘汰处置。

5.2 紧急处置

农场应制订针对性的紧急人道屠宰的规定，由指定的、受过训练的、有能力的工作人员或兽医实施。

鸡群发生紧急疫病等情况时，应尽早咨询兽医，询问是否可以进行治疗或是否有必要进行处死，以避免鸡的痛苦。如果鸡受到无法控制的剧痛，那么必须立即对其实施安乐死。

在紧急情况下，允许使用下列安乐死方法：

（1）用手持式电击设备致晕鸡，随后立即断颈。

（2）颈椎脱位：仅在紧急情况下使用或用于少量鸡的处置。颈椎脱位时通过拉伸颈部以切断脊髓，并对主要血管造成广泛的损伤。钳子或去势钳等工具不得使用，因为这些工具的操作不迅速、不人道。

（3）二氧化碳或二氧化碳和氩的混合物须以可接受的浓度输送到装有活鸡的容器中。

5.3 病死鸡处置

对于病死鸡，应通过特定的途径处置，必须保存处理方法的记录。

6 运输

6.1 运输前捕捉

6.1.1 禁食

捕捉前，鸡群应禁食，保证饮水。按《畜禽屠宰操作规程 鸡》（GB/T 19478—2018）的规定，肉鸡屠宰前禁食时间应控制在6 ~ 12 h。

通常在抓鸡前4 ~ 6 h开始停料，清空食槽残料，提升料线。抓鸡前0.5 h停止饮水，关闭水阀，提升水线。但夏季高温季节要保证饮水，在抓鸡时提升水线即可。

6.1.2 捕捉方法

6.1.2.1 徒手捕捉

常用的福利捕捉方法有：

（1）单手法：以单手握住肉鸡的双腿（不能只抓单腿），慢慢将其提起，并让肉鸡的胸部贴近捕捉者身体，使其平静，减少挣扎。这种抓腿捕捉的方法，如果捕捉后运送时间较长，可导致肉鸡髋关节脱臼，因此徒手运送时间或路线不宜过长，通常将运输笼送入鸡舍，置于离抓鸡点最近的位置。

单手法抓鸡

（2）双手法：双手十指张开，环抱肉鸡机体，两拇指及虎口压紧肉鸡的双翅，让肉鸡的头部冲前朝上，肉鸡的背部和尾部贴近捕捉者胸前。

双手法抓鸡

双手法抓鸡

6.1.2.2 机械捕捉

选择符合动物福利的机械捕捉方法，如使用触手式肉鸡自动捕捉器。该装置通过多个装有犬牙状橡胶触手的转筒，将肉鸡转入机器，再经传送带将肉鸡送入鸡笼（箱）里。

6.1.3 捕捉注意事项

宜在暗光、蓝光或其他柔和灯光下进行。同时，加强通风，将鸡舍所有门、窗打开，有风机的鸡舍要开启风机，以增大通风量，防止鸡群被驱赶聚集时出现热死或闷死情况。

应尽量降低噪声，避免鸡群应激，防止拥挤或踩踏。

宜采用分群措施进行捕捉，将鸡群围成若干小圈，每个小圈的肉鸡数量，以不导致踩踏或受伤为宜。

可采用挡板等适宜的辅助工具将鸡群驱赶至鸡舍一端，注意不能暴力驱赶，以免鸡飞速逃离或相互冲撞，导致受伤，甚至死亡。

动作轻柔，不应抓提肉鸡的单腿、翅膀或头颈部，以避免肉鸡的损伤。

6.2 宰前运输

6.2.1 运输前准备

运输车辆及笼具应彻底清洗、消毒。

承运人应符合国家相关法律法规和标准要求，并制订运输方案。

运输车辆

运输车辆

6.2.2 运输笼具

根据屠宰工艺要求，运输笼具可分为普通运输笼和气体宰杀用抽屉式鸡箱。

普通运输笼需满足下列条件：①完整无破损，笼盖无缺失，与肉鸡接触的表面无锋利边缘或突起；②规格与被运输鸡群的种类和大小相匹配；③笼高以肉鸡站立时头部不触碰笼顶为宜。目的：防止破损、劣质笼具导致肉鸡受伤或死亡，避免笼具不匹配使肉鸡无法站立、蹲卧或拥挤不堪，防止笼盖缺失，导致肉鸡逃出、掉落、摔伤（死）等不良福利后果。

气体宰杀用抽屉式鸡箱需满足下列条件：①完整无破损，与肉鸡接触的表面无锋利边缘或突起；②规格与垛架、接鸡台、分垛机、分箱机和致昏舱等设施设备相匹配；③箱高以肉鸡站立时，头部不触碰上一层鸡箱底部为宜；④垛架设有笼箱安全滑出装置，避免笼箱掉落或整个码垛笼箱倾倒。目的：防止鸡箱因不匹配被挤压、掉落，导致箱内肉鸡惊吓、受伤或死亡等不良福利后果。

运输笼具

6.2.3 装载密度

装笼时，宜先将肉鸡头部入笼，然后利用其逃离行为（动作）顺势将其装入运输笼或鸡箱内。

装载密度以肉鸡能同时站起、同时蹲伏，并留有一定的头部空间为宜，防止过度拥挤或踩踏等动物福利不良事件发生。同时，还应考虑运输期间的温度条件，夏天高温期间应降低装载密度。

装载密度测算，宜根据当地实际及方便使用等情况，选择下列任一方法：

（1）目测法：以鸡群能正常站立或蹲伏，不互相叠加并有适当间距为宜。

（2）面积法：通过测量运输笼底部面积，计算每只肉鸡的空间需求。

白羽肉鸡运输最小笼底面积

肉鸡体重（kg）	运输笼／鸡箱最小笼底面积（cm^2/kg）
＜1.6	180 ~ 200
1.6 ~ 3.0	160
3.0 ~ 5.0	115
＞5.0	105

（3）载重法：通过测量运输笼底部面积，计算每平方米承载肉鸡的质量。白羽肉鸡≤ 57 kg/m^2。

6.2.4 装车

可选择下列任一装车方法：

（1）将运输笼送入鸡舍，装满肉鸡后再搬运到车上。

（2）先将运输笼摆放于车上，再将肉鸡递送给车上装运工，由装运工将肉

鸡装入运输笼内。采用该法时，运输车辆需尽量停靠在出栏鸡舍的附近。 （3）通过叉车将空的码垛设备送入鸡舍，待装满肉鸡后送出鸡舍，再转运至适合的运输车上。采用该法时，鸡舍的门和通道需足够宽，以确保叉车正常出入和鸡群的安全转运。 注意事项：将装有肉鸡的运输笼或鸡箱进行码放前，先检查是否有肉鸡头部、翅膀或爪伸出，避免导致肉鸡感冒或骨折。码放时，确保箱体之间堆放稳固；留出一定通风通道，以利于空气流动；尽量避免鸡粪落到下层笼（箱）的肉鸡身上。	**6.2.5 运输** 极端气候条件下（环境温度>25℃，湿度>75%；或<5℃和降雨时，或风沙扬尘天气），宜采取适当降温（通风、喷淋）、防雨雪（加盖篷布）或保温（增加挡风板）措施，减少因温度过高或过低引起鸡群的应激反应。 控制运输距离和时间，尽量避免远途运输，运输时间不宜超过4 h。 应平稳驾驶，不宜急刹车或突然加速，以防止运输车过度颠簸或倾斜，并将噪声降至最低。紧急刹车时，因惯性力量易导致运输笼内鸡群滑向一边而出现踩踏或导致窒息。

7 屠宰

7.1 待宰

鸡群抵达屠宰场，静养休息30 min后，安排宰杀。运输后适当休息有助于降低肉鸡应激，提高福利，避免鸡肉产品质量下降。但待宰时间也不宜过长，若超过90 min，鸡体重损失开始增加。

如不能及时宰杀，鸡应在通风良好、温度和湿度适宜的待宰区等待。待宰区应保证充分通风，并且环境温度、湿度和有害气体（氨气、二氧化碳）的浓度适合鸡群休息。

待宰区应配备防止阳光直射或恶劣天气的防护设施，降低鸡群的应激反应。

夏季待宰区应通风良好，必要时采用喷淋降温措施。对肉鸡来说，采用自然通风通常不足以预防热应激，需提供机械通风设备。当待宰区湿度低时，采用喷淋措施可达到较好的降温增温效果。但是当待宰区环境湿度过大时，则不宜采用喷淋措施，以免加重环境湿度水平以及导致肉鸡体温过低。

卸载时，鸡笼（箱）应平稳卸下，避免抛扔、翻倒或掉落，导致肉鸡不必要的应激、受伤或死亡。

鸡群抵达屠宰场后待宰

7.2 挂鸡

7.2.1 致昏前挂鸡

致昏前挂鸡为屠宰工艺中采用的一种在肉鸡意识清醒状态下的挂鸡程序。该程序适用于电击致昏宰杀工艺，如电麻水槽法、仅头部电击法。挂鸡装置有挂钩（也称脚镣）、锥形桶等。挂钩可与锥形桶结合使用，也可与挡胸板配合使用，以避免倒挂肉鸡来回晃动，也通过挡胸板摩擦肉鸡胸部，让其舒服而保持平静。

挂钩型号应与待宰肉鸡种类和体重相匹配，或采用可调节的挂钩。挂钩对肉鸡腿部卡得过紧，会导致其疼痛、痛苦；过松，则导致肉鸡掉落、逃逸。

将肉鸡从运输笼中取出时，宜以双手扣住其翅膀一只只进行，避免抓取肉鸡单腿、翅膀或脖子，以免造成肉鸡应激而挣扎、受伤、疼痛或骨折。

取出后，双手立即握住肉鸡双腿跗关节部位，使其头部朝下，将双爪上挂入钩，轻轻松开肉鸡腿部，使其胸部紧贴挡胸板，让其舒缓紧张情绪，以减少肉鸡抬头和扑翅的发生率。

挂鸡台至电麻水槽区间需提供挡胸板，光照宜采用暗光或柔和灯光，以有助于肉鸡安静，将拍翅和挣扎降到最低程度。在肉鸡致昏前，需有充足的时间让其安定和平静下来，通常需要12 s。但是，也不宜让肉鸡倒挂时间太长，挂鸡-致昏间隔时间一般不宜超过60 s。

挂鸡台至电麻水槽段的屠宰链条宜直线运行，设计安装时应尽量避免急转弯道。屠宰链条线速平稳，防止挂钩晃动，以减少噪声，避免导致肉鸡疼痛或应激。

加强员工培训，避免员工业务生疏，导致不当吊挂，如挂鸡力度过大、挂单腿，或将肉鸡双腿挂在邻近的两个挂钩上等。

挂鸡人员应充足，能实施定期轮岗，避免疲劳挂鸡，导致员工或肉鸡发生意外情况。

挂鸡

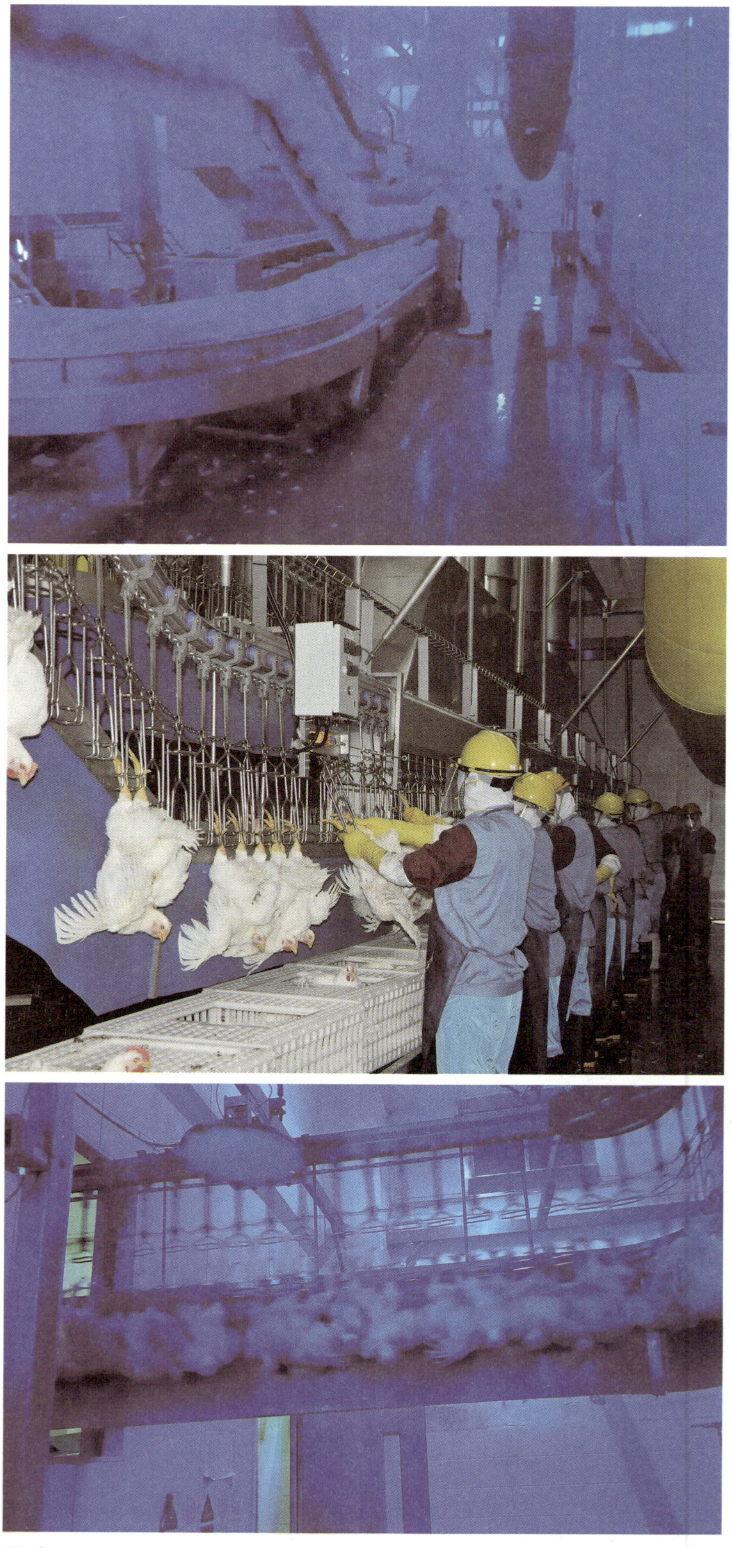

挂鸡

7.2.2 致昏后挂鸡

致昏后挂鸡为屠宰工艺中采用的一种在肉鸡意识丧失状态下的挂鸡程序。该程序适用于气体致昏宰杀工艺。

待肉鸡随鸡箱送至挂鸡区后（见7.4），工人以双手握住肉鸡双腿，将肉鸡从鸡箱中逐只取出，使鸡双爪入钩，力度适中。不应单腿挂鸡。

7.3 电击致昏

电击致昏

电击致昏

7.3.1 电麻水槽

可根据情况，选择下列类型的电麻水槽：

（1）低电频型（50 ～ 200 Hz）电麻水槽。

（2）中电频型（200 ～ 400 Hz）电麻水槽。

（3）高电频型（400 ～ 1500 Hz）电麻水槽。

7.3.2 电麻水槽设计安装

根据电麻水槽长度和宽度，将电极均匀分布于水槽底部，并浸没于水中。

电麻水槽前端入口处应安装绝缘的入口滑槽，以防止带电水花溅洒到肉鸡身体上，产生致昏前电休克。致昏前电休克为肉鸡进入电麻水槽前，受到不足以使其昏迷但引起疼痛的电击而出现的反应，如突然拍打翅膀、抬头仰脖及突然鸣叫等，随遭受电击的部位不同而异。

电麻水槽应安装持续补水装置，以保证使肉鸡头部完全没入水中，且不触碰水槽底部电极所需要的水位深度。

7.3.3 入口滑槽设计安装

前低后高设计，滑槽坡度应使肉鸡被平滑牵引至坡顶，以不引起应激或受伤为宜。

滑槽坡顶末端应伸出到电麻水槽水面的正上方。

肉鸡沿滑槽至坡顶末端后，以自由落体方式落下，使肉鸡头部全部没入水中。

7.3.4 设备参数设置与监控

安装电流监控表，准确监测肉鸡入槽时通过其机体的瞬间电流。

电压、时间等屠宰参数，应按电麻水槽设备说明书及通过肉鸡机体最低电流要求进行设置。

肉鸡致昏所需最低电流

电麻水槽类型	每只肉鸡致昏所需最低电流（mA）
低电频型	100
中电频型	150
高电频型	200

参数不准会导致肉鸡致昏失败，后果是肉鸡产生休克，但未失去知觉。

7.3.5 致昏效果检查

致昏有效率应≥98%。

致昏有效性判断，可选择下列至少2项指标进行：

（1）无节律呼吸，观察肉鸡腹部无起伏变化。

（2）弓颈抬头，呈观星状，或机体完全柔软。

（3）无自然眨眼，触摸无眨眼反射。

（4）翅膀紧贴身体。

（5）肉鸡身体持续颤动。

（6）刺、捏鸡冠时无任何反应。

（7）肉鸡无任何鸣叫声音。

7.3.6 应急处置

如果屠宰链条停止运行≥60 s，应采用备用手动致昏设备，立即将链条上悬挂的肉鸡进行致昏并宰杀。

7.3.7 设备维护

电麻、沥血设备应妥善保养、定期清洁，并做好日常检查。

7.4 气体致昏

气体致昏设备又称可控气体致昏系统（CAS），是通过采用CO_2气体，使肉鸡出现可逆性或非可逆性昏迷的设备。

7.4.1 操作人员

气体致昏操作人员应熟悉气体致昏设备的操作；熟悉气体致昏设备内CO_2气体充入和排空的方法及步骤；掌握在应急情况下移除气体致昏设备内鸡群的方

法及步骤。

7.4.2 致昏舱

致昏舱是指气体致昏设备内部盛装CO_2气体或空气的舱室，设有进鸡口、出鸡口、进气口和排气口。进鸡口、出鸡口仅允许鸡箱和传送带通过，并设有密封措施。

根据CO_2浓度梯度分布，0 ~ 40 % CO_2浓度区为低浓度区，40 % ~ 100 % CO_2浓度区为高浓度区。清醒肉鸡不应立即暴露于40%以上浓度的CO_2中。

7.4.3 CO_2气体准备

使用前，检查CO_2气体供应情况，确保当天宰杀所需的CO_2气体用量。如果是压缩或低温固态的CO_2，需预先处理，转换成常温、常压、气态的CO_2，以防止肉鸡出现冷应激。

7.4.4 操作要求

接鸡台、分垛机、分箱机和传送带运行平稳，避免鸡箱摇晃、倾斜或掉落等，造成肉鸡不必要的惊吓、恐慌、受伤或死亡。

致昏舱内CO_2浓度分布未达到要求之前，装有肉鸡的鸡箱不应送入舱内。

鸡箱运行通过CO_2低浓度区，时间宜控制在3 ~ 5 min。使肉鸡适应CO_2浓度梯度性升高，避免抽搐、张口喘气等不良反应，或引起挣扎、拍翅而造成翅损、组织或关节出血等不必要的损伤。

在CO_2气体高浓度区，鸡箱应在40 % ~ 70 %浓度区间运行，时间控制在保证肉鸡被刺杀放血前不会苏醒为宜（一般1.5 ~ 2 min），时间过长或CO_2气体浓度超过70%会影响屠宰产品外观或品质。

肉鸡致昏后，随鸡箱经出鸡口运行至挂鸡区，进入下一步挂鸡程序（见7.2.2）。

7.4.5 福利问题

气体致昏常见的福利问题有：①肉鸡暴露不充分（暴露时间太短），或气体浓度太低，或者两者兼而有之，导致肉鸡被放血前苏醒而出现呼吸迫促、疼痛或恐惧，也增加了肉鸡拍翅而导致骨（喙骨和肩胛骨）、翅膀和关节受伤的风险；②气体的刺激或气体温度过低导致肉鸡呼吸迫促；③太高浓度的CO_2（比如CO_2浓度超过40%）会刺激肉鸡黏膜，导致其出现疼痛和恶心，多见于肉鸡在低浓度区运行时间短而过快进入高浓度区，或未经过低浓度区而直接进入高浓度区等不当操作过程中。

7.4.6 致昏效果监控/检查

气体致昏时，监测人员很难靠近肉鸡进行致昏效果检查，通常采用监控设备（如CO_2气体传感器、温度传感器、湿度传感器和摄像机等）进行辅助监测。监控设备安装于致昏舱内不同部位，其数量和布局以达到全方位连续监测舱内CO_2浓度和肉鸡状况为宜。

气体致昏很难采用肉鸡依据型指标进行监测，通常采用资源依据型指标进行监测，如气体浓度、暴露时间、气体置换率等。

气体致昏结束后，应对肉鸡进行死

亡确认检查，判断指标有停止呼吸、无角膜或眼睑反射、瞳孔散大或身体瘫软。

出现致昏失败或肉鸡苏醒时，立即采用备用致昏设备处置，查找失败原因并进行整改，并做好全面记录。

7.5 放血

7.5.1 致昏-放血时间间隔

根据致昏效果来确定致昏-放血时间间隔，以确保肉鸡苏醒前完成放血。

电击致昏与放血时间间隔不超过10 s。

7.5.2 放血

放血方法有人工放血、自动设备放血两种。

采用自动设备放血时，需指定专职人员对切口进行检查，必要时进行人工补刀放血。

采用血流率和血流时间等作为放血衡量指标。判断放血效果最常用的指标是失血百分比，可利用肉鸡致昏前体重与屠宰后体重差进行计算。

7.5.3 死亡确认检查

通过检查刺杀和沥血情况进行死亡确认。进入烫毛池前，应保证100%的肉鸡被刺杀和沥血。

肉鸡胴体发红表明致昏失败或有活鸡进入烫毛池。

7.6 记录管理

对捕捉、装载、卸载、待宰、挂鸡、致昏、放血等关键环节应实施监控，并进行相应记录。

记录档案应至少保存2年。

附录1　肉鸡飞节损伤评分

0分（无/轻微） 没有病变或病灶很小（< 1 mm），在有限的区域有浅表的轻微变色，轻度角化过度。

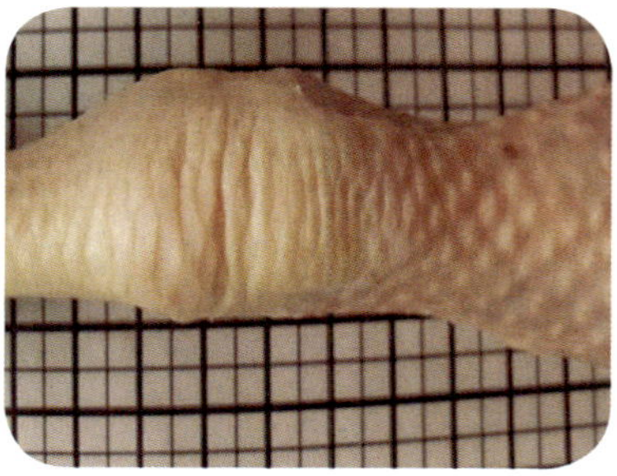

1分（轻度） 受影响的区域没有延伸到飞节，明显变色，深色乳突状，浅表病变，无溃疡。

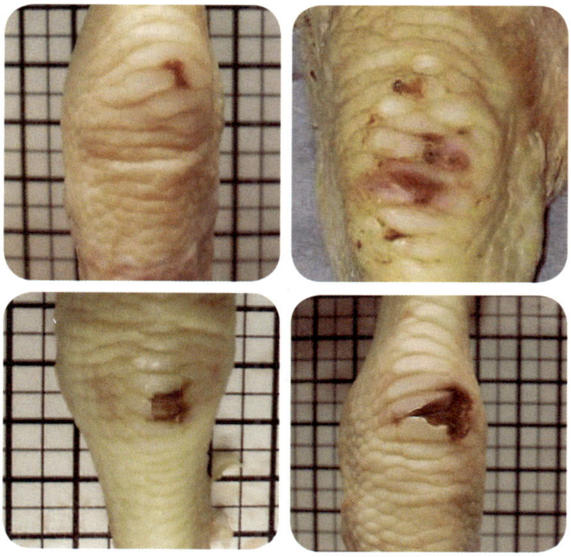

2分（严重） 通常影响飞节更大的表面。更重更深度的病变，有时伴有溃疡出血，大面积结痂，严重肿胀。

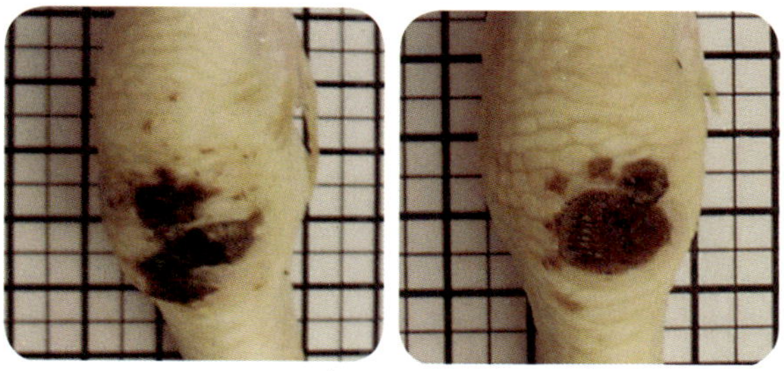

附录2　肉鸡脚垫损伤评分

研究显示，有许多因素会造成肉鸡脚垫损伤的发生，如饮水器设计不合理、通风和饮水器管理不当、饲料质量不佳等。

0分（无/轻微） 无病变或病灶非常小且浅（1 ～ 2 mm），局部轻度变色，轻度角化过度。

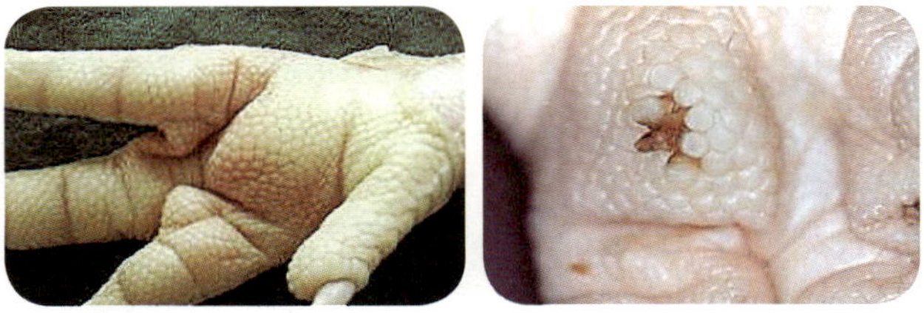

1分（轻度） 受影响的区域没有延伸到整个足底，明显变色，颜色深，乳头状，浅表病变，无溃疡。

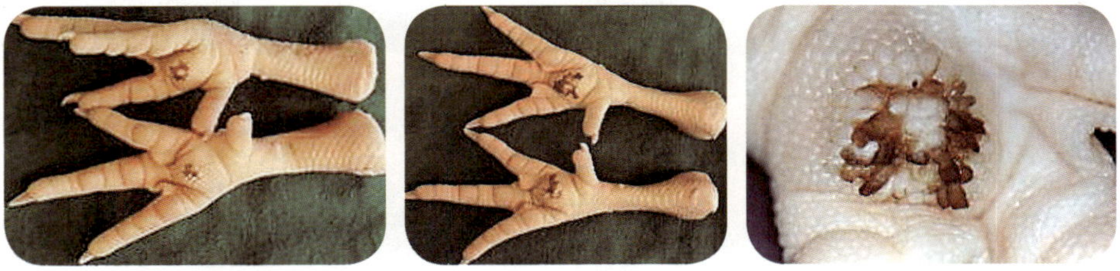

2分（严重） 足底整体表面通常受影响，有时伴有足趾病变。较深层病变伴有溃疡，有时出血，结痂较大，脚垫严重肿胀。

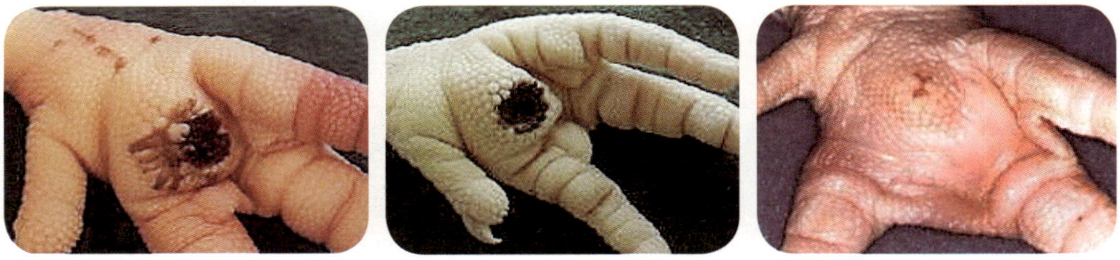

附录3　肉鸡污羽评分

羽毛可使肉鸡保持温暖，保护皮肤免受感染并且免受湿气、灰尘沾污。肉鸡自身会花很多时间使它们的羽毛保持良好的状态。如果它们的羽毛变湿或被废弃物、泥土、粪便弄脏，就会失去保护作用，这会对肉鸡的福利产生负面影响。

正面

0分：不脏/轻微（轻）

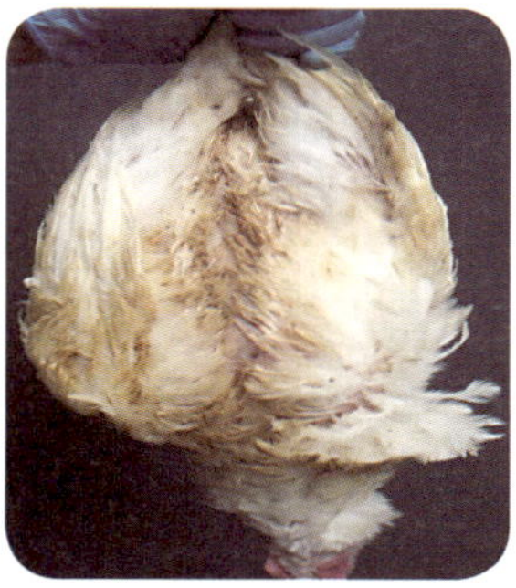

1分：轻度（中等）

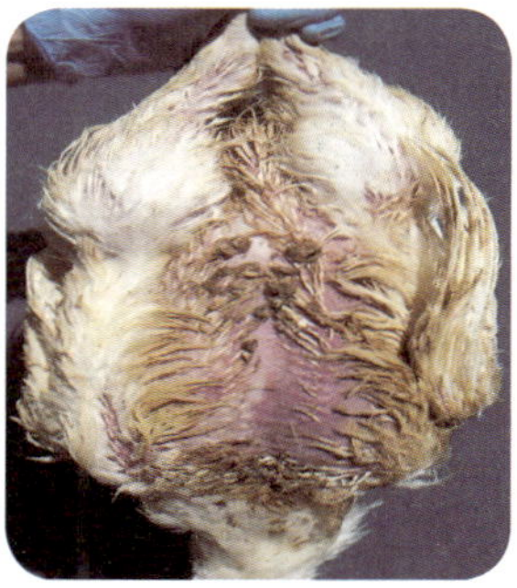

2分：严重（重）

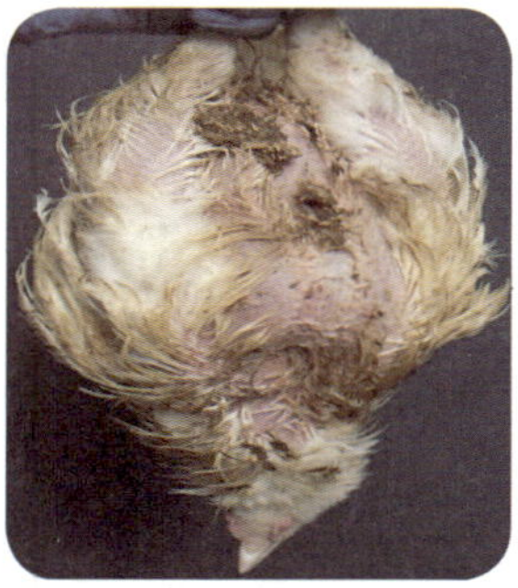

背面

0分：不脏/轻微（轻）

1分：轻度（中等）

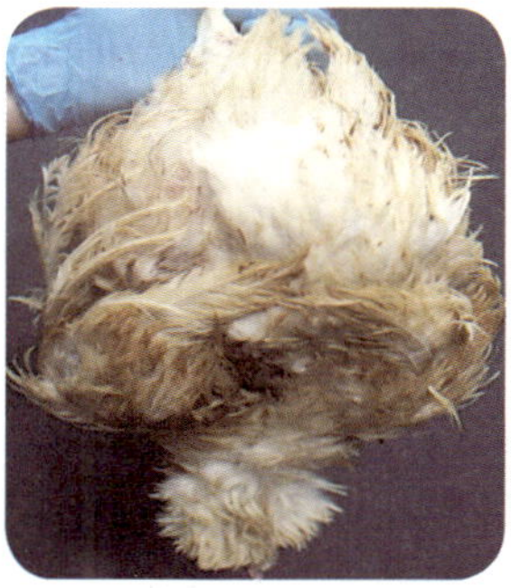

2分：严重（重）

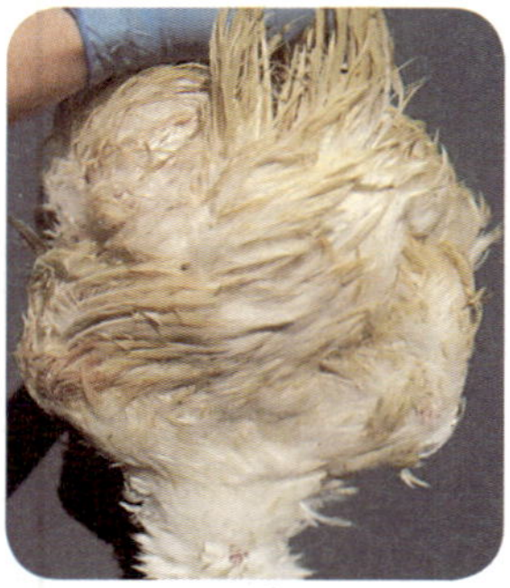